我们必须征服宇宙

中国航天基金会
CHINA SPACE FOUNDATION
本项目由中国航天基金会支持

中国航天奠基人 钱学森的人生传奇

第9册 **琴瑟和鸣**

钱永刚/主编
顾吉环 邢海鹰/编著
上尚印象/绘

小猛犸童书

电子工业出版社
Publishing House of Electronics Industry
北京·BEIJING

"你在一个**晴朗**的夏夜，
望着繁密的闪闪**群星**，
有一种可望而不可及的**失望**吧！
我们**真的**如此**可怜**吗？
不，绝不！
我们必须**征服宇宙！**"

1991年10月16日，北京人民大会堂，国务院、中央军委授予钱学森荣誉称号。

钱学森同志是一位在国内外享有崇高声誉的杰出科学家，回国后为发展中国科学技术和国防科技事业做出了巨大贡献……国务院、中央军委授予钱学森同志"国家杰出贡献科学家"荣誉称号和一级英模奖章。

台下响起了热烈的掌声，钱学森鞠躬致谢。

钱学森是爱国知识分子的杰出典范，我代表党中央、国务院、中央军委向钱学森表示祝贺！

中央领导讲话。

军队高级将领讲话。

钱学森同志为发展中国科学技术，特别是火箭导弹、航天事业，做出了开创性贡献……

钱学森同志是我们科技界的楷模……

老科学家代表讲话。

钱老身上所体现出的爱国主义精神、科学精神和无私奉献精神，让我们十分敬佩，他是我们广大年轻科技人员永远学习的榜样……

年轻科技人员代表讲话。

钱学森致答谢词。

很感谢国家授予我"国家杰出贡献科学家"这个荣誉。我所做的一切，都是在各位领导的正确领导和有效组织下，在同志们的帮助下才取得成功的……

我要感谢老一代革命家的领导，没有他们，恐怕我今天还流落异乡，饮恨终生。我要感谢毛泽东主席、周恩来总理和聂荣臻元帅对我的关心和鼓励，以及在座的各位领导，没有你们，我是做不成的……

我还要感谢在座的曾经和我一起工作过的同志们，没有你们的帮助和支持，我也会一事无成。

同时，我还要感谢今天在座的医务工作人员。我今天能站在这里讲话，头脑还清醒，那就是你们的功劳……

所以，刚才各位领导讲我钱学森如何如何，那都是千千万万人劳动的成果啊，我本人只是沧海之一粟，渺小得很。真正伟大的是中国人民，是中国共产党，是中华人民共和国……

最后，我要感谢我的夫人蒋英，她在人生道路上给予了我巨大的支持与帮助……

我们结婚已经44年了，这44年我家庭生活是很幸福的。

在美国政府对我非法软禁的那5年，蒋英同志做出了巨大的牺牲，这一点我绝不能忘……

蒋英是学艺术的，正是她给我介绍了这些音乐艺术，这些艺术里所包含的诗情画意和对于人生的深刻理解，使得我丰富了对世界的认识，学会了艺术的广阔思维方法，想问题时能够更宽一点、活一点……

时间回到1923年。

蒋百里是民国时期著名的军事理论家。蒋氏家族同钱氏家族一样，也是浙江的书香名门，两家是世交。

学森，蒋叔叔来了。

蒋叔叔好。

好久不见，学森都这么大了啊，真好。

是啊，我们一起在日本留学的日子还历历在目，一转眼孩子都这么大了。

两家人在餐桌上吃饭，大家边吃边聊，气氛和谐又融洽。

饭后，母亲章兰娟和钱学森一起收拾餐桌，蒋家的三姑娘蒋英主动过来帮忙。

伯母，我来帮你收拾碗筷吧。

哎哟，三姑娘可真是乖巧懂事。

可真羡慕你们，有五个可爱的女儿。

你家学森多懂事呀，他善于思考，长大定能成才。

9

人就是贪心，有了懂事的儿子还想要一个可爱的女儿。

你们家有五个女儿，过继一个给我好不好？

没问题啊，你喜欢哪个？

当然是这个乖巧又懂事的三姑娘啦！

哈哈，好事！从今天起，我们的三姑娘就是你家女儿了。

太好了，我有女儿了，学森，你有妹妹了！

以后你们就是亲兄妹啦，哥哥要记得照顾妹妹啊。

好吧，有空就带你呗！

学森哥哥要带我玩啊。

希望三姑娘在这个新家要开心哦！

于是4岁的蒋英就这样过继给了钱家，并有了一个新名字——钱学英。

钱均夫和章兰娟对蒋英非常好。

女儿，这条裙子你喜欢吗？

哇！

喜欢！

学森哥哥，你看我的新裙子好看吗？

嗯。

谁知钱学森连头也没抬，被钱学森冷落的蒋英显得非常失落。

钱学森很喜欢在空闲的时候吹口琴。

学森哥哥，我也想玩。

这一次，钱学森又没搭理蒋英的请求，继续自顾自地吹着口琴。

又一次被钱学森冷落的蒋英委屈得快要哭出来了。

女儿，我带你去买个新的吧。你不要生哥哥的气。

哼！小气！

蒋英拿着钱伯伯送给她的口琴，爱不释手。

小英子这么喜欢吹口琴呀？

因为这是钱伯伯送我的啊！

多吃点。

一会儿吃完饭我们出去玩吧！

好耶！

钱均夫和章兰娟牵着蒋英准备出门，钱学森则坐在沙发上自顾自地看书。

学森哥哥，你不和我们一起去吗？

你们去吧，我想多看会儿书。

哼！

没关系，哥哥不去玩，我们去就是了。

直到12年后，钱学森和蒋英才再次见面，此时的钱学森已经24岁了。

而此时的蒋英16岁，已经出落成亭亭玉立的大家闺秀了。

钱均夫和章兰娟带着钱学森来到蒋百里家中拜访。

学森长成帅气的大小伙了！

蒋叔叔，您过奖了！

我听你父亲说，你考取了清华大学的庚款公费留美留学，真有出息啊！

小英子，学森哥哥来了，过来打个招呼，他要去美国留学了。

学森哥哥好。

啊，你好……

听说你要出国留学？

是的！正在做出国前的准备。

小英子都长成亭亭玉立的大姑娘了，可以当我的儿媳妇了。

大人们凑在一起开心地畅谈，钱学森则看着蒋英，蒋英害羞得手足无措。

钱学森对音乐很感兴趣，而蒋英从小就学习钢琴，音乐让他们有了更多的共同语言。

我想给学森哥哥弹一首《D大调奏鸣曲》，作为告别。

钱学森听得如痴如醉，这个场景在他心中深深埋下了爱情的种子。

1934年底，母亲章兰娟因染伤寒去世，钱学森处理完母亲的后事才安心去美国留学。

蒋百里于1936年赴欧洲考察时，顺带把蒋英送到了德国贵族学校学习。1937年蒋英考上国立柏林音乐大学，学习西洋美声唱法。

蒋英在欧洲学习期间阅读大量欧洲古典文学名著，还掌握了不同时期、不同作家的音乐作品。

1938年，56岁的蒋百里突发心脏病去世，远在德国的蒋英因为战争无法回国，只能强忍悲痛发奋学习。

1940年，战火烧到德国本土，蒋英只好逃难，转到中立国瑞士继续拜师学习声乐。1943年，蒋英参加了匈牙利举办的女高音比赛。

蒋英在比赛中一举夺冠，被称为中国最优秀的女高音歌唱家之一。

我回来了。

第二次世界大战即将结束时，蒋英的老师希望她战后和他一起回德国慕尼黑音乐学院工作，做助教，一心想报效祖国的蒋英婉谢了老师的好意。第二次世界大战后，地中海终于可以通航，蒋英经过海上一个多月的漂泊，和在美国留学的妹妹蒋华一起，于1946年12月从法国回到了上海。

1947年5月31日，蒋英在上海兰心大剧院举行了首场独唱音乐会。

下面有请刚从欧洲留学归来的著名女高音歌唱家蒋英为大家表演。

可以给我签个名吗？

蒋英的这场音乐会轰动了整个上海。

1947 年 7 月，钱学森留学 12 年后第一次回国探亲，看望在上海居住的父亲。

钱均夫一直希望钱学森和蒋英能够结婚。仿佛是上天的安排，此时此刻，钱学森和蒋英都回到了上海。钱均夫假意让蒋英帮忙，给钱学森介绍女朋友。

她是学医的，很喜欢书法、绘画，她家就有很多古代字画呢！

钱学森对蒋英的介绍毫不在意，眼神始终没有离开蒋英。

见到钱学森的蒋英也有一些心慌意乱，内心隐隐地感觉到钱学森对她有好感。

蒋英的妹妹蒋华比较了解钱学森，特别告诉姐姐，钱学森颇有艺术修养，对音乐、艺术都很感兴趣，力促他们的姻缘，所以多次邀请钱学森来家里玩。

学森哥哥，欢迎你来我家！

你们好！

我很喜欢贝多芬的第九交响曲，那激昂欢乐的节奏……就像是憧憬世界大同的声响。

是啊，命运给予他的只是痛苦，没有欢乐，可他却把欢乐给予了世界！

跟我一起去美国吧，可以吗？我们一起！

36岁的钱学森遵循父亲的愿望，也期待和蒋英结下百年琴瑟之好。

好……好吧！

听到钱学森直白表达的蒋英瞬间羞红了脸。

1947 年 9 月 17 日，钱学森与蒋英在上海和平饭店举行了隆重的婚礼。

谢谢大家莅临我儿的婚礼！

这两个人真是天作之合呀！

我把四个字送给这一对新人——真善美圣，祝福他们永远幸福！

谢谢你们！

谢谢！

祝福你们！

申儿和蒋家小英子结婚了，终于可以告慰兰娟了。

是啊，小英子九泉下的爸爸也可放心了。

著名科学家钱学森和音乐家蒋英可真是郎才女貌啊！

世界著名科学家和音乐家的联姻，一时在上海传为美谈。

婚后第九天，钱学森婉拒了民国政府出任大学校长的邀请，提前启程返回了美国。

英，我在美国等你。

好的，等我。

一个多月后，办完出国手续的蒋英也来到了美国，与钱学森团聚。

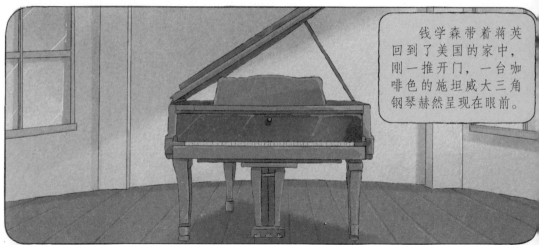

钱学森带着蒋英回到了美国的家中，刚一推开门，一台咖啡色的施坦威大三角钢琴赫然呈现在眼前。

家里怎么会有台钢琴？

太漂亮了！学森，谢谢你！

这是我送你的结婚礼物啊！

你喜欢就好。

听说你结婚了，恭喜恭喜！

钱学森邀请冯·卡门及同事来家里做客。

欢迎你们！

老师，这是我的夫人蒋英。

钱，恭喜你娶了位迷人的姑娘。

钱学森亲自下厨，做了满满一桌的中国菜。

谢谢大家对学森的照顾！

1948年，钱学森被推选为全美中国工程师学会会长。

就在这一年10月，钱学森和蒋英的第一个孩子出生了。

英，你辛苦了。

钱永刚，真是个好名字。

他是"永"字辈，就取名叫永刚吧。

1949年10月1日，中华人民共和国在北京宣告成立，成为震惊世界的重大新闻。

1950年，钱学森准备在蒋英把女儿生下来后，举家回国，但是他的回国之路并不顺利。

美国政府不允许我回国，不然你先带着孩子回国等我吧。

我不离开你，你在哪里，我就在哪里！

苦了你和孩子了。

我们一家人要永远在一起。

1950 年 9 月，美国政府以莫须有的罪名将钱学森拘留，关在特米诺岛的拘留所。蒋英和许多正义人士四处奔波，想尽各种办法营救钱学森。

美国政府不能这样对待我们的教授。

你们不能无端拘留中国科学家。

释放钱学森！

释放钱学森！

他是无辜的，美国政府是非法拘禁。

蒋英向律师咨询解救钱学森的方案。

别担心，我们和你一起想办法。

永真真乖，阿姨抱抱你、陪陪你。

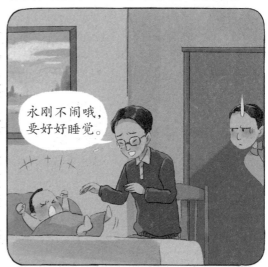

永刚不闹哦，要好好睡觉。

美国政府太坏了，无缘无故抓人。

非常感谢你们的帮助，有你们的支持，我不会垮的！

在铺天盖地的抗议浪潮影响下，被关押了15天的钱学森，在友人共同出资缴纳了15000美元巨额保释金后，获得保释。

特米诺岛拘留所门口，钱学森神情严肃地向蒋英走来。

学森，家里一切都好，所有事情都会过去，我们回家吧。

钱学森听到蒋英的话，只是点头，他失声了。

回家后，钱学森看着自己的两个孩子这么活泼可爱，稍感欣慰。

被软禁在家的钱学森精神状态很不好，一面积极上诉，一面回加州理工学院继续教书。家庭生活的重担都压在了蒋英一个人身上。

怎么样？一切都顺利吧？

保释回家的钱学森随时随地被监视，家门口两个特务经常打电话骚扰钱学森一家。蒋英为了保护钱学森，面对这样的情况，总是冲在前面。

喂，你好。

对不起，打错了。

对不起，请你们出去。

他在家，请你立刻离开，走开！

蒋英用琴声和歌声慰藉钱学森，陪伴他面对那段暗无天日的生活。

蒋英和钱学森一起欣赏音乐。

阴暗的日子终将过去，光明的日子终会来到！

钱学森很快振作起来，开始了《工程控制论》和《物理力学》的教学科研工作。

在《工程控制论》的扉页，钱学森写下了一行充满深情的字：谨以此书，献给我的妻子——英。

1955年10月，历经5年的磨难，钱学森一家终于回到了祖国。

回国不久，钱学森就投身国防建设之中。

钱学森肩负中国导弹、卫星研制重任的那段时间，经常很久都不回家。

妈妈，爸爸已经一个多月没回来了。

我想爸爸了。

乖孩子们，你们的爸爸身负重任，我们应该支持他。

1956年2月，蒋英开始在北京中央实验歌剧院任独唱演员。

蒋英随歌剧院为工人演唱或去火车站欢迎志愿军归国，很快成了一位深受大众欢迎的艺术家。

这首歌的唱法有低音、中音、高音三种……

可是家中又不能没人照顾，蒋英为了家庭，放弃了自己喜爱的舞台，来到中央音乐学院任教。

在蒋英的影响下，钱学森写下了许多关于美学、文艺学和社会主义文化学及技术美学等方面的文章，最后集结成书。

你来为这本书取个名字吧！

你搞科学，我搞艺术，不如这本书就叫《科学的艺术与艺术的科学》如何？

非常好，书名充分体现了文章的内涵！

我写的关于你的那篇文章，你觉得怎么样？

1990年，蒋英的同事为《中国近现代音乐家传》写了一篇题为《海外留学二十载 回国贡献四十春》的文章。

挺不错的，但是为什么没有写我入党这件事呢？

当然！这可是我人生中的大事！

这也要写吗？

入党也是我一生中的大事！

钱学森和蒋英都有着一颗善良的心。

怎么了？

我听说曾经为我医治过的医生家里失火了。

我看看我们还有多少钱。

这里有五千块，房子烧了总得吃饭吧，这些钱先拿去让他买点锅碗瓢盆。

好，我们应该帮助他。

我听说司机边师傅的儿子突发心肌梗塞，住院了。

这么突然？

很严重吗？

可不是嘛，听说做手术要十万块钱呢，边师傅愁得很。

第二天，蒋英将家中仅存的一点积蓄带在了身上。

你帮我把钱转交给边师傅吧，一点心意，别让他知道是我给的。

钱学森和蒋英不仅相亲相爱，携手共进，生活中还充满了幽默。

有一次，一位中央领导人去看望钱学森，在新闻报道中把蒋英的名字错写成了"郭英"。

一定要打电话去批评他们！

不必了，一件小事而已，错就错吧。

没想到我们家又多了一个郭英，哈哈。

今天捶背怎么没有以前舒服了？

哈哈……

我老了，不中用了，你去找那个郭英吧！

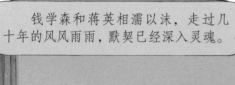

钱学森和蒋英相濡以沫，走过几十年的风风雨雨，默契已经深入灵魂。

蒋英呢?

有学生来看望阿姨，一会学生走了她就过来陪您看报。

抱歉啊，来晚了，有学生来让我教她唱歌，刚走。

今天是我的生日，孩子们给买的蛋糕，你也没有礼物，一起吃块蛋糕就算给我过生日吧。

我就是你一生的礼物！

我也是你一生的礼物！

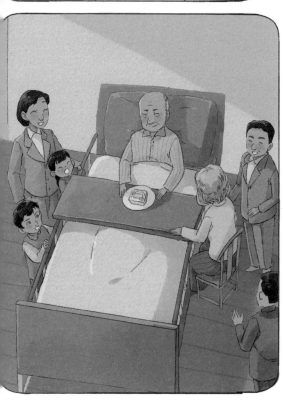

这就是钱学森和蒋英的故事，科学与艺术的结合，是那么平凡，又是那么伟大。

请看下一册

《《 我们必须征服宇宙 第10册 我蒋你钱 》》

图书在版编目（CIP）数据

我们必须征服宇宙. 第9册 / 钱永刚主编；顾吉环，邢海鹰编著；上尚印象绘. —— 北京：
电子工业出版社，2023.9
ISBN 978-7-121-45988-7

Ⅰ.①我… Ⅱ.①钱…②顾…③邢…④上… Ⅲ.①航天－少儿读物 Ⅳ.①V4-49

中国国家版本馆CIP数据核字（2023）第131793号

责任编辑：季　萌
印　　刷：当纳利（广东）印务有限公司
装　　订：当纳利（广东）印务有限公司
出版发行：电子工业出版社
　　　　　北京市海淀区万寿路173信箱　邮编：100036
开　　本：889×1194　1/16　印张：36　字数：223.2千字
版　　次：2023年9月第1版
印　　次：2023年9月第1次印刷
定　　价：248.00元（全12册）

凡所购买电子工业出版社图书有缺损问题，请向购买书店调换。若书店售缺，请与本社
发行部联系，联系及邮购电话：（010）88254888，88258888。
质量投诉请发邮件至zlts@phei.com.cn，盗版侵权举报请发邮件至dbqq@phei.com.cn。
本书咨询联系方式：（010）88254161转1860，jimeng@phei.com.cn。